楼之千

白描古风建筑
从入门到精通

任安兰/编著

U0264932

人民邮电出版社

北京

图书在版编目（CIP）数据

楼之千：白描古风建筑从入门到精通 / 任安兰编著
. — 北京：人民邮电出版社，2020.5（2023.7重印）
ISBN 978-7-115-52579-6

Ⅰ．①楼… Ⅱ．①任… Ⅲ．①白描－建筑画－绘画技
法 Ⅳ．①TU204.11

中国版本图书馆CIP数据核字(2019)第258737号

内 容 提 要

中华民族悠久的历史孕育了灿烂的文化，形式多样的古风建筑便是其中之一。欣赏古风建筑，就好比翻开
了一部沉甸甸的史书。若能用手中的笔细细描摹出这些宫殿、陵墓、庙宇、园林、民宅等，该多么的妙趣横生

本书将古风建筑与传统白描相结合，详细讲解了白描古风建筑的技法。全书共有五章，第一章介绍了白描
绘制工具和基础技法；第二章介绍了白描古风建筑小元素的技法；第三章至第五章分别介绍了白描古风传统建
筑、古风山水楼阁小景和古风浪漫场景的技法，包括宫殿、民宅、古塔、园林小景、千年古刹、宫墙一角和宅
院街口等。

本书主题明确，内容丰富，古意盎然，十分适合绘画初学者和爱好者阅读、学习，也可以作为相关专业的
培训教材。

◆ 编　著　任安兰
　　责任编辑　易　舟
　　责任印制　陈　犇
◆ 人民邮电出版社出版发行　　北京市丰台区成寿寺路 11 号
　　邮编　100164　电子邮件　315@ptpress.com.cn
　　网址　http://www.ptpress.com.cn
　　北京虎彩文化传播有限公司印刷
◆ 开本：787×1092　1/16
　　印张：9　　　　　　　　　　2020 年 5 月第 1 版
　　字数：108 千字　　　　　　　2023 年 7 月北京第 6 次印刷

定价：49.80 元

读者服务热线：(010)81055296　印装质量热线：(010)81055316
反盗版热线：(010)81055315
广告经营许可证：京东市监广登字 20170147 号

目 录

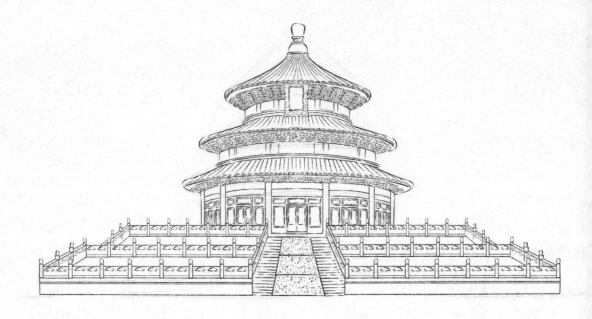

第**1**章

白描绘制工具及基础技法

工具和绘画技法在白描中是非常重要的，绘画的首要任务就是挑选顺手的工具了。本章将从

工具和绘制技法开始讲解，详细介绍各种线描技法，对学习白描的人很有帮助哦。

工具和材料

勾线笔

白描是单纯用线来表现人和物的，因此画白描一般用勾线笔。勾线笔和普通的毛笔有些区别，一般体现在笔杆和笔毛上。

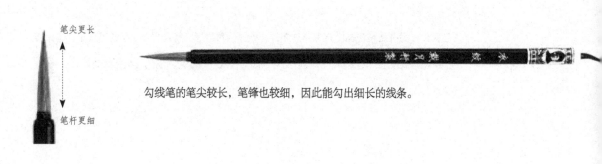

笔尖更长

笔杆更细

勾线笔的笔尖较长，笔锋也较细，因此能勾出细长的线条。

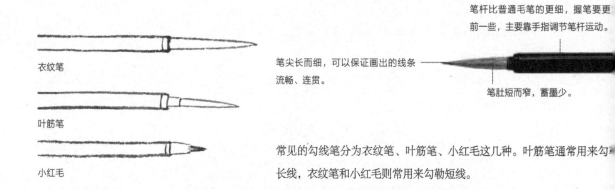

笔杆比普通毛笔的更细，握笔要更前一些，主要靠手指调节笔杆运动。

衣纹笔

笔尖长而细，可以保证画出的线条流畅、连贯。

笔肚短而窄，蓄墨少。

叶筋笔

小红毛

常见的勾线笔分为衣纹笔、叶筋笔、小红毛这几种。叶筋笔通常用来勾长线，衣纹笔和小红毛则常用来勾勒短线。

墨

墨色通常分为焦、浓、重、淡、清五个不同的层次，主要是通过勾勒和渲染来体现的。绘画时通过墨色的浓淡调变化来表现所描绘物象的节奏和韵律，行笔时要注意墨色的变化，避免呆板。建议初级、中级学习者选择耐性强、书写流利的一得阁瓶装墨汁即可。

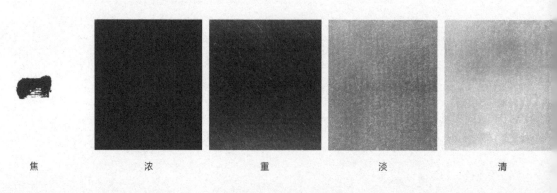

焦　　　　浓　　　　重　　　　淡　　　　清

瓶装墨汁倒出后即可使用，但墨的浓淡是固定的。使用时，要根据实际情况加水进行调和，墨汁太浓则拉不开（在纸上绘画时不流畅），容易滞涩，太淡则容易洇墨。

直接倒出　　　　　　　　　　　　　　　　　　　加水调和

墨汁为液态，使用方便，近年来常用来作画的墨汁有"一得阁""曹素功""中华"等品牌。若使用瓶装墨，要注意在使用前轻晃动瓶子，使墨汁均匀。

纸　　白描用纸较为单一，通常都是使用熟宣纸作画。因为熟宣纸在加工时被涂上了明矾等，故纸质比生宣纸硬，吸水能力弱，使用时墨色不会洇散开来。

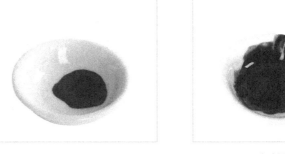

砚　　砚，也称"砚台"，用来磨墨或盛墨汁。笔、墨、砚三者是密不可分的。砚虽然在"笔墨纸砚"的排序中位居最后，但从某一方面来说，却居领先地位，所谓"四宝砚为首"，就是因为它质地坚实，能传百代的缘故。中国古砚品种繁多，如松花砚、玉砚、漆砂砚等，在砚史上均占有一席之地。

白描用线的基本技法

线条是白描的基础，通过对线条的起、行、收的练习，可以掌握线条运行的基本规律。在此基础上再进行各种线条变化的练习，熟悉不同硬度笔毫的特性和不同角度运笔的变化规律，准确把握指、腕、肘的运行方向和力度，灵活运用各种顿挫、转折、提按等技法。线条变化丰富，形式多样，重点要掌握中锋运笔，这样才能画出挺健、流畅的线条。

用笔技法

白描线条的笔法源于书法。绘制每一条线时都有起笔、行笔和收笔三个过程。

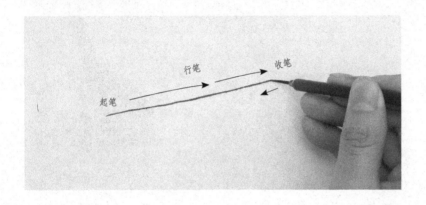

对起笔、行笔和收笔的要求是欲右先左、欲左先右、欲上先下、欲下先上、逆入平出，以使线条含蓄而劲力内敛。

线条的节奏感

线条的浓淡

色彩深重者在白描中可用浓墨线条表现，色彩浅淡者则多用淡墨线条表现。如碧绿的荷叶色重，宜用浓墨线条勾勒，而浅淡的粉红荷花，则宜用淡墨线条来表现。

浓

淡

线条的干湿

质地柔软者，多用"湿"的线条表现。如画润泽、轻盈的花瓣，多用"湿"的线条来表现其柔嫩；画断枝老节，为表现其坚硬，则多用"干"的线条表现。

干

湿

线条的粗细

物体背光的部分宜用重墨粗线来表现，而受光的亮部则适合用略淡的细墨线来表现。在简单的画面中，如画透视感较强的连线、枝干的上下段、粗枝的左右两边时，尤其要注意表现其明暗的浓淡、深浅变化，而且要注意整体的统一。

粗

细

线条的顿挫

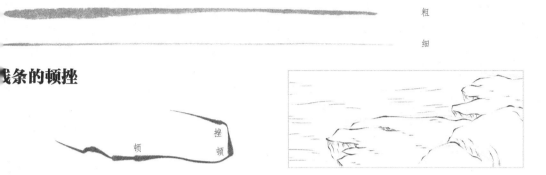

顿挫有力的线条多用来表现植物的枝干、根茎及石头的外形轮廓。在古风建筑中，经常用于绘制建筑周围作为点缀的山石、植物。

线条的虚实

以云朵为例，在勾勒云朵时经常用到虚实相间的线条，表现云朵柔软和飘逸的质感。另外，虚实相间的线条也可以运用在建筑、水波纹等元素的绘制中。

常用的线描技法

中国古代绘画中关于线描技法有"十八描"的总结。这十八描大致可以分为两种类型，一种是粗细变化比较不明显的曲线描法，这种画法有高古游丝描、行云流水描、柳叶描、钉头鼠尾描等，这类描法粗细变化小，压力均匀；另一种是粗细变化较明显的折线描法，这种描法压力不均匀，用笔有提按、顿挫的变化，常见的描法有铁线描、橄榄描、战笔描等。

曲线描

此类描法多用于勾勒外形轮廓，如古风人物的衣裙等一些流畅性较好的轮廓。线条墨色秀润简劲、细劲平直，根据不同的质感采用不同的表现手法，体现出外柔内刚的特征。

高古游丝描

这种描法的线条流畅自如，有起有收，线条显得细密绵长，富有流动性。

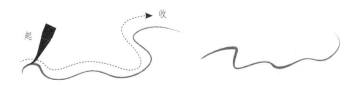

行云流水描

行云流水描画出的线条如行云流水，活跃灵动，线条流畅不滞。

行笔流畅

柳叶描

此描法画出的线条形状如柳叶，轻盈灵动，婀娜多姿，画面呈现一种清新、灵动、轻盈的美感。

提

压

压

钉头鼠尾描

此描法落笔如铁钉之头，线条呈钉头状，行笔、收笔拖长，收笔如鼠之尾，适合表现转折处。

钉头

行笔见骨力

鼠尾

折线描

此类描法的特点是压力不均匀，运笔时顿时提，产生忽粗忽细的线条，适合表现粗糙质地的物体。

铁线描

此描法起笔转折有回顿方折之意，如将铁丝环弯，圆中带有方，适合绘制花卉的枝干。

方折

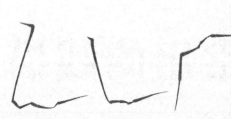

橄榄描

此描法起笔轻，头尖尾细，中间沉着粗重，所画出的线条如橄榄的果实，因此叫橄榄描。绘制时用颤笔画出。

头尖

尾细

行笔起讫极轻

战笔描

此描法用笔留而不滑，停而不滞。笔法简细流利，线条呈现出曲折战颤之感。

战战兢兢即颤

行笔要留而不滑

线条质感的表现技法

在白描这种技法中，由于没有颜色的点缀，所以线条的质感非常重要，尤其是在表现建筑及其他的元素时，使用不同的线条，能够表现出不同的质感，为画面增添许多层次感。

柔软质感的线条

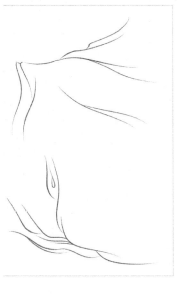

流畅的弧线适合表现布料等柔软质感的元素，如衣服和薄纱等。

粗糙质感的线条

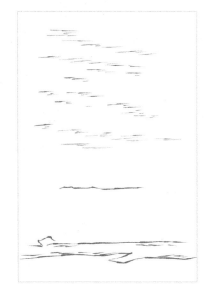

表现粗糙质感的元素时，下笔略重，转折处较尖锐且颜色较深，可以用来绘制木制、石制的东方建筑。

流畅质感的线条

流畅质感的线条多用弧线表现，画出的线条顺滑、流畅，表现出灵动的感觉，使画面更加生动、自然。

毛发质感的线条

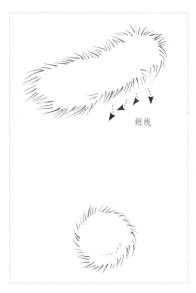

短线

用中锋线条一根一根地勾勒出毛发，短线层叠排列，表现出毛茸茸的质感。

编织质感的线条

编织质感是通过线与线之间的相互穿插来表现的，线条之间有丰富的遮挡关系和形态变化。

分组绘制

白描的基本步骤

起形

在这个过程中，只勾勒出建筑的大致轮廓即可，重要的是确定好构图和物体的位置。线条可以放松一些之后绘制白描稿时对细节进行再创作。

1

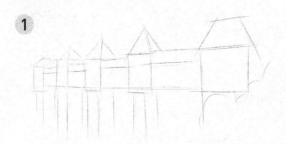

为了便于理解，我们在绘制之前，先对建筑的结构进行划分，理解了各部分结构之后，再给建筑"添砖加瓦"，这样绘制出的建筑结构才会更加准确。

细化线稿

这一过程无须在意线条粗细、虚实的变化，直接勾勒即可，目的是为了最后强调一下线稿。

2

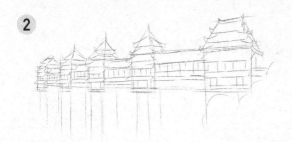

细化线稿是指在草稿的基础上，用笔勾勒出更加精致、更细化的线条，去除多余的草稿线条。

拓线

开始用勾线笔勾勒细化后的线稿。先绘制出外形轮廓，再进一步添加细节，如瓦片、雕花等。最后再描绘出不同材质的建筑的质感，如木头、石头的肌理。

3

4

古风建筑的透视关系

在绘制古风建筑的过程中，弄清透视关系尤为重要。建筑和空间的关系密不可分，不同的透视角度会产生不同的画面效果，古风建筑的透视关系是我们绘制的要点。

平行透视

平行透视最多可以看到三个面，也有只能看到两个面的情况。物体中心和消失点重合时，只能看到一个面，也就是物体正对画者的面，这就是平行透视的主要原理。

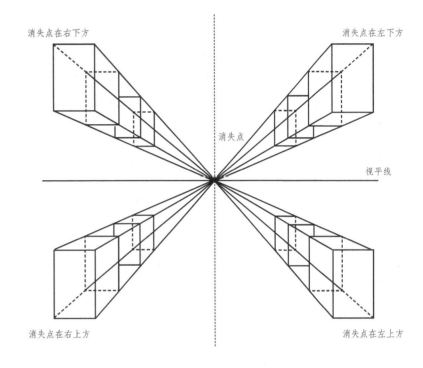

学习过平行透视之后，可以根据平行透视的原理理解画面中的透视关系。找出画面中的视平线，分析画面远景、中景、近景的关系和层次，尤其要注意近大远小、近高远低等规律在风景画中的运用。

这幅作品中的平行透视较为明显，视平线就是地平线，近景是画面中间这条宽敞的通道，中景为宫殿主体，远景为宫殿后的建筑，空间关系从前往后层层递减，前景的透视关系最强。

成角透视

一个物体离视平线越远，物体的垂直线就会变得越短，它的消失点与物体的距离就越远，这便是成角透视。

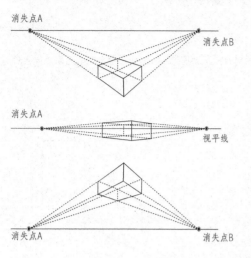

这幅图面中的成角透视特征比较明显。在这幅图中，我们的视平线就是画面的主体廊桥，画面中的物体由右向左依次减小，最后消失点就落在画面最左侧。

倾斜透视

在倾斜透视中，视平线以外的那个消失点，采用在高度上取消失点的方法得到。这种透视法不仅可以使建筑物更加生动、富有立体感，而且加强了画面的空间感和纵深感，使画面看上去很有气势。

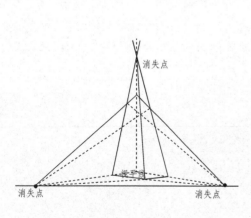

这幅画面中倾斜透视的特点较为明显，我们的视线落在了画面左下的位置，图中中间的烽火台为主体物，再加上远处烽火台的衬托，使画面的空间感大大增强。

第 2 章

白描古风建筑元素小练笔

古风建筑由很多种独具特色的传统元素构成，包括石狮子、香炉、照壁等，还有独特的建筑装饰，包括飞檐走兽、镂空花窗、砖雕等。本章将从绘制这些简单的元素开始，带大家领略古风建筑的魅力。

花窗

花窗是中国古老的传统民间艺术之一，通过镂空的手法来呈现图案。现实生活中的场景及吉祥图案均可作为花窗的表现内容，一般都具有吉祥、喜庆的寓意。另外，花窗还可以起到美化居住环境的作用。

草稿分析

绘制草图

先用长线条画出花窗的大致形态，接着细化草稿，绘制出花窗的图案。

步骤详解

1 绘制边框与花纹

用勾线笔勾勒出花窗的边框，注意边框是双层的。接着绘制出左上角的一组花纹，单组的花纹是左右对称的。

添绘花纹

在边框的其他三个角落绘制出相同的花纹，每个边角处的花纹的方向是不同的。整体图案是对称的，每一组图案也是对称的。

添绘图案

花窗的中间位置绘制一组同心圆，接着在同心圆的外侧绘制出花朵的纹样来连接四角的花纹，这样花窗就绘制完成了。

砖雕

砖雕是古风建筑中必不可少的艺术元素，是指在青砖上雕刻出山水、花鸟、人物，或是其他的吉祥图案。

草稿分析 ✏▶

绘制草图

先画出青砖的轮廓，接着细化草稿，绘制出花卉的图案和青砖四个边角上的花纹。

步骤详解 ▶

1 绘制边角花纹

用勾线笔勾勒出青砖的轮廓后，在四个边角上绘制出相同纹样。绘制花纹时注意要仔细刻画，尽量描绘得精细一些

2 绘制内部纹饰

勒出内部的方形边框,先根据线稿在边框内画出花瓶的轮廓,可以从上向下绘制。在花瓶的中间画一朵花作为装饰,并
在底座上勾勒几条线来丰富花瓶的细节。

3 添绘纹饰

花瓶上方绘制出菊花和叶子,菊花的花瓣较细。注意装饰纹样不需要画得太过写实,简单地画出两朵几乎相同的花头即可。
接着在花瓶的旁边绘制出盆景的花盆及里面的假山石。

4 绘制竹子

接着绘制出花盆中的竹子，竹子的叶子
要分组进行勾勒。注意竹叶的排列布局
要有所变化，不可画得过于密集。

5 绘制背景及细节

最后在青砖上绘制出背景图案，注意背景图案的纹样几乎一致，要排列有序。最后擦掉铅笔稿，完成绘制。

鼎式香炉

式香炉是一种焚香的器具，也是流传至今的礼器，在描绘东方建筑的画卷中经常出现。鼎式香炉有圆腹的、方腹的，有三足、四足的，其最明显的特征就是炉身两侧有两耳。

草稿分析

绘制草图

铅笔简单地勾勒出香炉的轮廓，注意香炉的整体形态，不要画歪。接着初步描绘出香炉上的花纹，完成香炉的草图。

步骤详解

1 绘制香炉盖上的装饰

用勾线笔勾勒出香炉盖子上的铜钮，样式为狮子滚绣球。注意对小狮子整体动态和身上毛发质感的刻画。

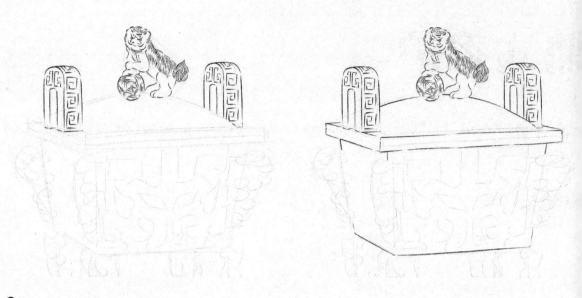

2 绘制"耳朵"和炉身

香炉的两耳是对称的，绘制时要注意透视的变化。随后在两耳上绘制上回纹的纹样，纹样的形状会随着双耳的透视发生变化。接着用简单的线条画出炉身。

鼎式香炉炉身两侧的花纹比较复杂，注意遮挡关系和透视变化。

3 绘制"腹部"花纹

香炉"腹部"四条竖棱上的花纹是云纹，结合香炉的造型形成了像"3"一样的结构。在刻画云纹的同时，要注意表现香炉的立体感，用笔要放松，线条要流畅。

4 绘制"腿"及盖子上的花纹

勾画出香炉的四条腿,腿部最底部向上弯曲,注意透视变化。盖子上的纹样要随着盖子鼓起来的结构描绘,要绘制出镂空的感觉。

5 添绘花纹

最后绘制出香炉主体上的花纹,每一面的花纹都是左右对称的图案,但由于角度问题,绘画时要注意各个面的透视变化。

照壁

照壁是挡在大门前的屏障，是中国古代建筑特有的组成部分，具有挡风、遮蔽视线的作用。

草稿分析 ▣▷

绘制草图

用铅笔简单地勾勒出照壁的轮廓，接着细化草稿，勾勒出其上的细节。

步骤详解 ▶

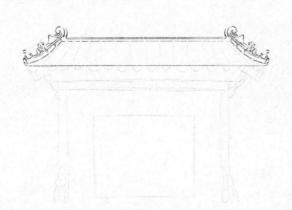

1 绘制顶部轮廓和装饰

用勾线笔先勾勒出照壁顶部的轮廓，顶部是左右对称的，心地刻画顶部的装饰。

绘制顶部边缘和瓦片

勒出照壁顶部的边缘，边缘上的图案是相同的，注意图案大小要一致。接着绘制瓦片，注意瓦片之间的透视关系。

绘制墙体与底座轮廓

勾线笔勾勒出照壁墙体和底座的外形轮廓，注意底座的结构和透视关系。在墙体的前方绘制石台，注意表现其立体感。

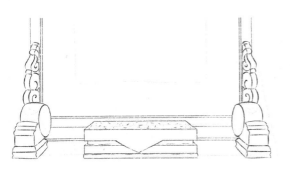

绘制底座装饰

在底座的左右两边绘制纹饰来装饰照壁，注意透视关系的变化。

5 绘制墙体装饰

添加顶部与墙体之间的连接物,完善照壁的结构。绘制出照壁墙体上的长方形结构,再围绕这个长方形绘制出一圈纹形。接着在照壁中心长方形的四个边角上绘制出装饰纹样。

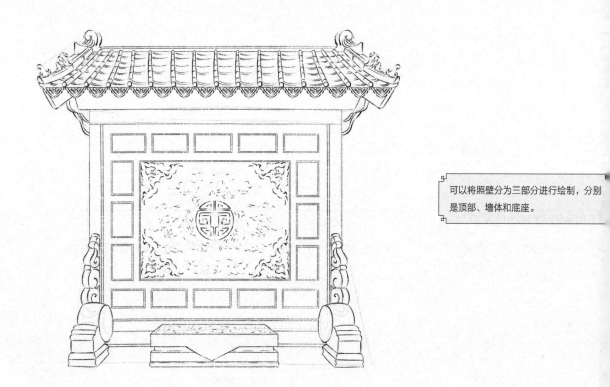

可以将照壁分为三部分进行绘制,分别是顶部、墙体和底座。

6 绘制背景

在正中央的位置绘制出象征吉祥的纹样,接着绘制出背景图案。背景图案的线条可以画虚一点,这样可以使画面的层次感加丰富。

7 添绘纹饰

用勾线笔在墙体上方勾勒出对称的花纹，接着在底座的石墩上添绘纹样。

8 绘制地面

用简单的线条勾勒出地面，表现其略微粗糙的质感。最后擦掉铅笔稿就完成绘制了。

吻兽

吻兽是中国古代建筑上的装饰性元素之一，主要被放置在屋顶的屋脊上，具有保家平安、顺遂的寓意。另外，吻兽的数量能够彰显宅主的身份和地位。

草稿分析

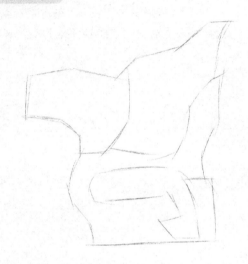 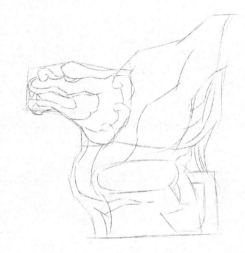

绘制草图

用铅笔先简单地勾勒出吻兽的轮廓，接着细化草稿，勾勒出吻兽的头部和身体。

步骤详解

1 绘制头部

用勾线笔勾勒出吻兽头部的结构，表现其形象。

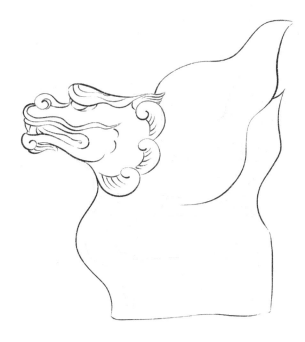

绘制鬃毛与身体轮廓

续勾勒出吻兽脖子上的鬃毛，接着描绘出吻兽身体的外形
廓。

意对身体
构的刻画
对吻兽厚
的体现。

细化身体

勾线笔细化吻兽的身体，绘制出前肢及身体上的鬃毛。注意要表现出前肢的肌肉感，用于绘制鬃毛的线条要放松、流畅。

4 绘制底座

勾勒出吻兽底座的结构，注意其
与身体衔接处的表现。

5 绘制前肢上的鳞片

用勾线笔勾画出吻兽前肢上的鳞
片，注意前肢结构转折处鳞片形
态的变化。

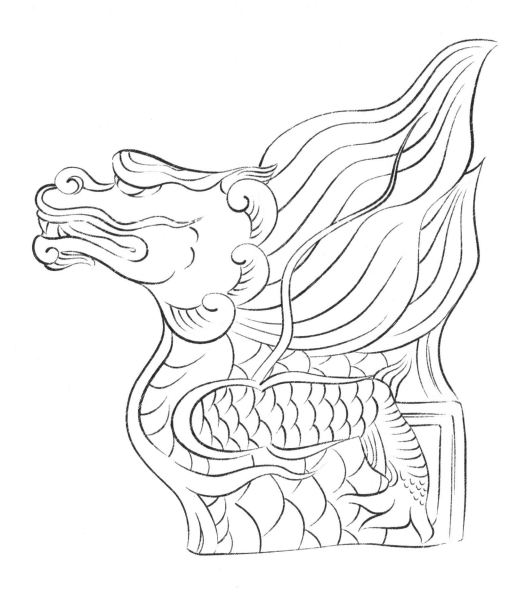

绘制身体上的鳞片

画出吻兽身体上的鳞片，注意身体上的鳞片要更大一些。最后擦掉铅笔稿，这幅作品就完成了。

石狮子

石狮子是以石材为原料雕刻而成的，它在中国传统文化中是吉祥的象征，一般在官殿、园林、陵墓中都会有石狮子
"镇宅"。

草稿分析

绘制草图

先勾勒出石狮子大致的形态，接着细化草稿，描绘出石狮子的细节。

步骤详解

1 绘制石狮子的轮廓

用勾线笔勾勒出石狮子的外形轮廓，线条要放松、流畅。

绘制饰品

勒出石狮子身上的铃铛和带子，注意带子要随着石狮子的身体结构和动态来绘制。接着添画出项圈及其上面的纹饰。

绘制毛发与四肢

勾线笔勾勒出石狮子头上的鬃毛和眉毛的轮廓，以及石狮子的尾巴，接着绘制出四肢的具体形态。

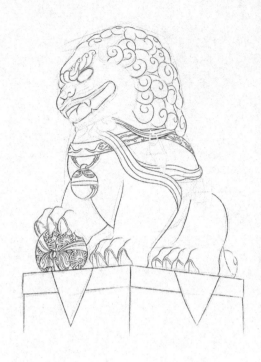

⊥ 绘制底座与绣球

先绘制出石狮子的底座，接着勾勒出绣球上的丝带。注意丝带是系在一起的，需要仔细刻画其转折关系。接着描绘出绣球上的
纹样。

5 细化毛发

勾勒出头部鬃毛与眉毛的细节，继续
描绘出胡须、尾巴。注意毛发要
组绘制，这样画面的结构才会更加
晰，同时也相对整洁。

6 添画毛发

用勾线笔添画出石狮子前肢后侧的毛发。

7 添画饰品和底座纹饰

用勾线笔描绘出带子上面的毛穗饰品,绘制方法与毛发的相似。继续勾画出石狮子底座上的纹饰。

8 添画细节

调整画面的细节，继续添画底座上的纹饰。注意在绘制石狮子的毛发和纹饰时要有耐心，这是绘制石狮子的关键。

门环

环不仅是门的把手，同时也有保佑家中平安的寓意。门环上的图案是椒图，是龙九子中的一子，其外形像极了螺蚌。由于螺
的壳总是紧闭，因此人们将椒图衔环的形象用在大门上也是取了这层含义，以求家门平安和安宁。

草稿分析

绘制草图

用直线确定出椒图衔环的形态，接着细化草稿，描绘出椒图衔环的细节。

步骤详解

1 绘制面部轮廓

用勾线笔勾勒出椒图的面部结构，绘制出眼睛的位置。

2 绘制五官及面部装饰

绘制出椒图的五官，接着将铜钱的纹样装饰在其面部的周围。

3 绘制外轮廓及其他纹饰

用勾线笔勾勒出椒图衔环最外圈的轮廓，接着绘制出其头上其他的纹饰，注意绘制得要左右对称。

4 添绘纹饰

继续在椒图面部的周围添绘出纹饰。

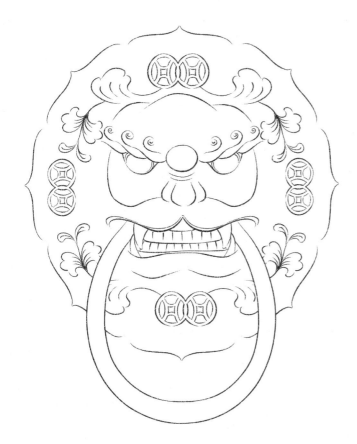

5 绘制衔环及细节

用勾线笔勾勒出椒图嘴里的衔环，擦掉铅笔稿，完成绘制。

瓦当

瓦当是覆盖在房檐瓦片最前端的遮挡物，是中国传统建筑中的特色装饰元素之一。其上一般会刻有玄武、朱雀等吉祥图案来为装饰。

草稿分析

绘制草图

用铅笔先绘制出瓦当整体的形态，接着绘制出其具体的轮廓。

步骤详解

1 绘制头部

用勾线笔勾勒出神兽的头部，注意整体的动态。

2 绘制身体轮廓

接着绘制出神兽的身体轮廓，要绘制出羽毛的质感。

3 绘制尾巴

继续勾勒出神兽的尾巴，注意尾巴要分组绘制，同时也要有大小的变化，这样可以使神兽更加灵动。

4 绘制羽毛和爪子

用勾线笔勾勒出身上的羽毛，羽毛随着神兽的身体结构绘制。接着绘出爪子及爪子上的纹路。

5 绘制边框图案

有序地勾勒出瓦当周边的纹样，纹呈浪花状，要排列整齐。

添绘纹饰

神兽的周围添绘上祥云纹样，让画面整体看起来更加完整。

7 完善细节

最后完善画面细节，擦掉铅笔稿，完成绘制。

第3章

白描古风传统建筑

虽然古风传统建筑因地域和民族的不同而各有差异，但是古风传统建筑的布局、空间、结构、装饰艺术等都有共同的特点。本章将从宫殿、民宅等古风建筑画起，教会大家用白描绘制古风建筑的技法。

宫殿

宫殿是古代皇帝处理朝政或居住的地方，其建筑规模宏大、格局严谨。宫殿以轴对称的方式排列，绘制时尤其要注意对透视关系的把握。

草稿分析

注意透视关系

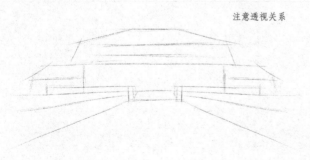

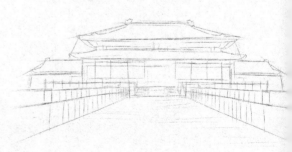

1 绘制草图

先用铅笔简单地勾勒出宫殿的外形轮廓，可以以中轴线为对称中心来画。

2 完善草图

进一步细化宫殿的结构，添画出其细节。

步骤详解 ►

 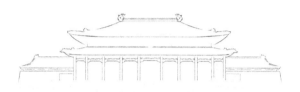

注意左右两侧对称

绘制宫殿的结构

据草稿，先描绘出正中央宫殿的房顶，注意由于是仰视的角度，要画出来房顶底部的结构。接着画出宫殿主体和两侧偏殿框架。

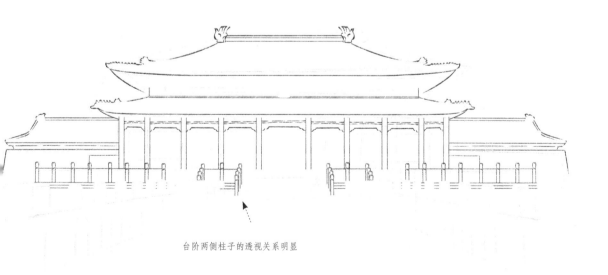

台阶两侧柱子的透视关系明显

绘制宫殿柱子

勒出宫殿前的柱子，柱子的分布是有规律的，画面正中间柱子的间隔比较大，其余柱子间的间隔相等。

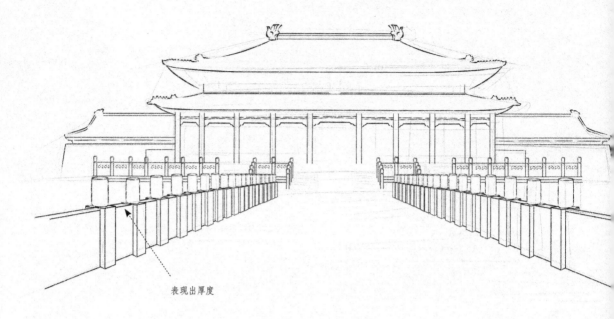

表现出厚度

3 绘制大路两边的围栏

勾勒出路两边的围栏，注意透视变化，越远的地方，围栏越小、越窄。此外，细化远处围栏上的花纹。

4 勾勒瓦片

勾勒出宫殿房顶上的瓦片，注意房顶是有弧度的，瓦片按照屋顶的结构排列整齐。

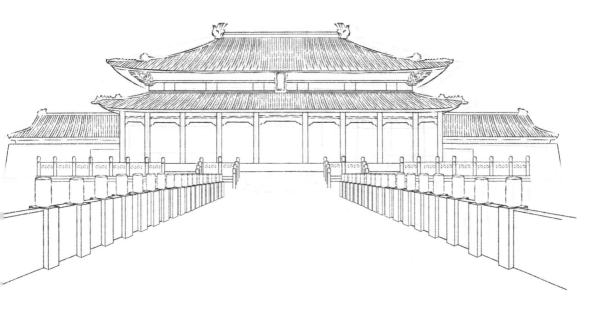

勾勒房顶下面的结构

勒出宫殿房顶下面的牌匾及其周围的结构，注意对檐角处装饰物的绘制。

勾勒门窗

勒出宫殿的门窗结构。门窗的结构都是有规律的，绘制时一定要注意结构整齐且对称。

7 勾勒台阶

画出宫殿前方的台阶。台阶位于画面的中心处，面积虽小，但是透视感较强烈，绘制时要耐心刻画，表现出近大远小的透视关系。

8 勾勒地面

最后画出地面的质感，与宫殿规矩的建筑结构产生呼应。绘制时，注意线条由近到远，由密集到稀疏。

民宅

宅是百姓居住的地方，充满了朴素的味道。人们自己盖的房子形态各异，绘制时注意把握好房屋的层次结构。

稿分析 ✏

用长线画出轮廓

绘制草图

铅笔先简单地勾勒出民宅的外形轮廓。

2 完善草图

进一步细化民宅的结构，简单地画出房屋的主体和门窗即可。

步骤详解 ▶

层次比较多，不要画乱

1 绘制门楼

根据草稿描绘出位于整幅画面最中间、结构上最靠前的门楼。首先勾勒出房顶和瓦片，门楼的上半部分呈倒梯形，注意分内部结构，再勾勒出花纹，最后画出门和台阶。

这部分的绘制方法和宫殿的是相同的，左右两侧的结构可以对称着画。

2 绘制两侧结构

根据之前描绘好的结构，在左右两侧绘制出结构相同的建筑并刻画好细节。

房顶是三角形的

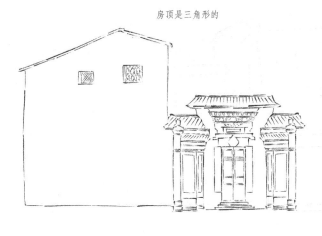

添加两侧的房子

先在左侧绘制出一间屋子的墙面，屋顶为三角形。接着添画出右侧的建筑，其结构相对矮一些，要有高低起伏变化，注意右侧房屋屋顶的透视结构。

4 绘制后方建筑

绘制出后面的建筑，注意房顶两侧是翘起来的，接着在其左侧绘制出一栋相对较高的建筑。

继续添画后方建筑

据中国建筑的对称原则，在刚才绘制好的建筑的右边，对称地画出另一栋建筑的侧面，并把中间连接起来，使其造型完整。

6 绘制后方小型建筑

为了画面的美观与完整，在建筑的缝隙中添加一些小型的建筑来增加层次感。

7 绘制地面

最后绘制出地面上地砖的质感，用小短线简单地刻画就可以，这样民宅就刻画完成啦。

城楼

墙是守卫城内安全的重要关卡，城墙上面的门楼被称为城楼。这是我国古代城市特有的一种防御建筑，其雄伟壮丽的外观象
着城池的威严。

稿分析 📝

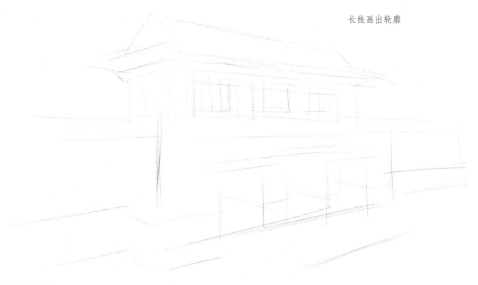

长线画出轮廓

绘制草图

铅笔简单地勾勒出城楼的轮廓。

2 细化草图

接着细化线稿，勾勒出城楼的具体结构，尤其是城楼的立柱。

步骤详解 ►

1 绘制城楼顶部轮廓

根据草稿描绘出城楼顶部的轮廓线，注意透视关系。

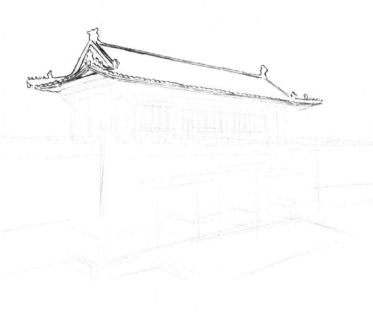

2 继续绘制顶部轮廓

将城楼顶部结构绘制完整，并勾勒出顶部的雕花，表现出屋檐的厚度。

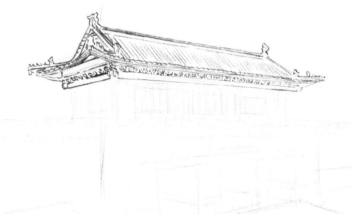

3 绘制屋顶细节

顺着屋顶的坡度勾勒出瓦片的轮廓，注意用线要密实。

4 绘制立柱

勾勒城楼上面几组重要的立柱。

5 绘制门窗

开始绘制城楼的雕花门窗，注意用线较密，与前面的立柱拉开空间关系。

6 添画城墙

绘制城墙上半部分的结构，注意不要忘记表现其厚度。

绘制墙体和门洞

城墙的轮廓勾勒完整，并绘制出中间的门洞。

绘制城墙细节

绘出城墙上的细节，擦掉多余的线条，完成绘制。

牌楼

牌楼是中国传统建筑的标志之一，由楼顶、横梁、匾额、立柱和基座组成。牌楼不仅仅是装饰性建筑，也可以用来划分街区域。

草稿分析 ✏️

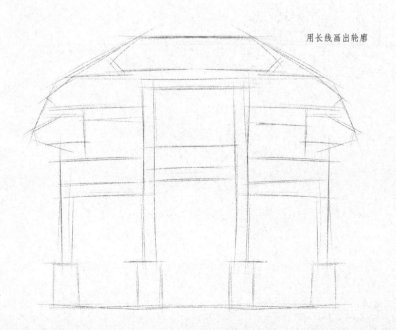

用长线画出轮廓

1 绘制草图

用铅笔简单地勾勒出牌楼的外形轮廓

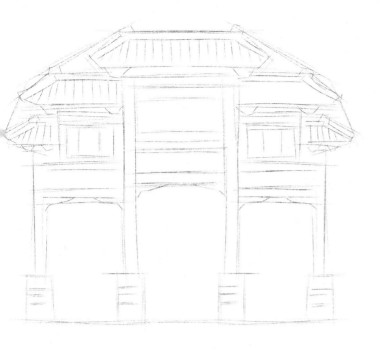

2 细化草稿

接着初步细化草图，描绘出牌楼的具体轮廓。

骤详解 ▶

1 绘制主体楼顶

先绘制出楼顶的轮廓，注意用双层线条来表现楼顶的厚度。接着添绘出楼顶上的纹理，注意纹路是由一个个圆柱体组成的，要准确把握透视的变化。接着添加楼顶上横向的瓦。

注意顶部纹理的
立体结构

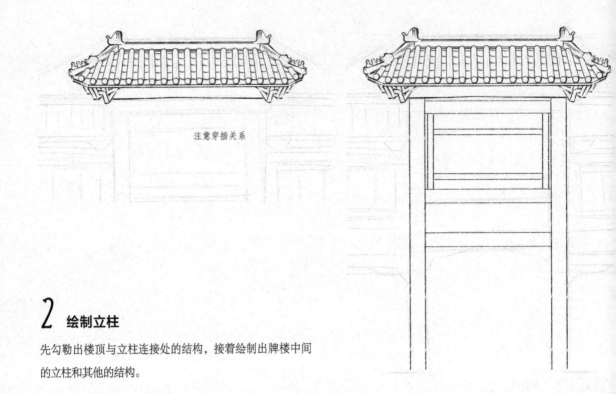

注意穿插关系

2 绘制立柱

先勾勒出楼顶与立柱连接处的结构，接着绘制出牌楼中间的立柱和其他的结构。

3 绘制两侧楼顶的轮廓

用勾线笔勾勒出两侧楼顶的轮廓，两侧的楼顶要比主体的楼顶小一些，在高度上面也要矮一些，但依旧要左右对称。

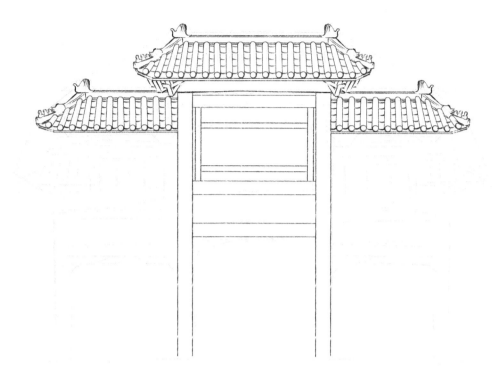

绘制两侧楼顶的细节

勾线笔继续勾勒出两侧楼顶上的细节。

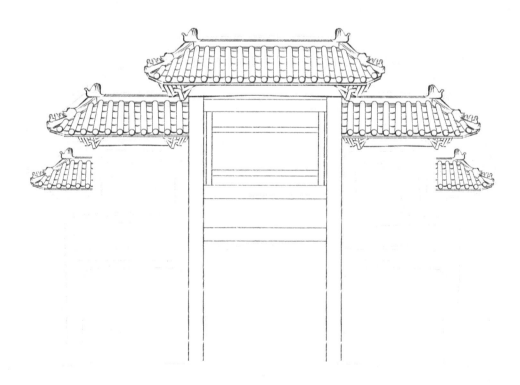

添绘楼顶

两侧楼顶的下面添绘出最后一层的楼顶，注意底部一层楼顶的结构最小，用同样的方法绘制即可。

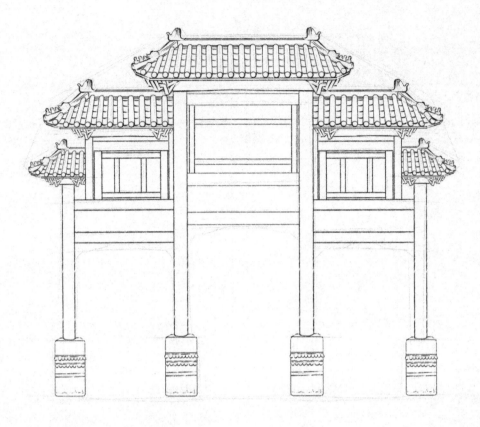

6 添绘立柱与基座

添绘出剩余的立柱和其
的结构，接着绘制出牌
的基座，并在基座上面
勒出纹饰。

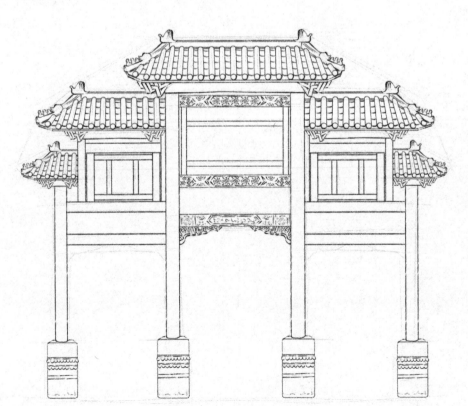

7 绘制主体花纹

在牌楼最中间的横梁上
绘制出雕花，注意花纹
案要对称着画。

添绘花纹及细节

两侧牌楼横梁上面添画出雕花图案，并勾勒出地面上的纹理。最后擦掉铅笔稿，这幅作品就完成了。

宗祠

宗祠是中国的传统建筑之一，主要是用来供奉祖先和祭祀的场所。

草稿分析 ✏️▶

1 绘制草图

用铅笔先简单地勾勒出宗祠的外形轮廓。

细化草图

化草图，勾勒出宗祠的建筑结构，确定透视关系。

骤详解 ➤

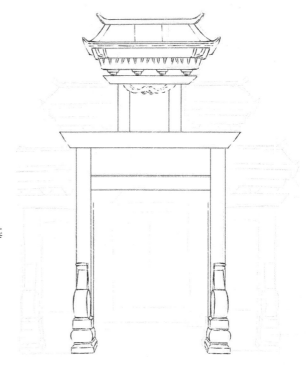

绘制门楼主体

据草稿绘制出门楼主体顶部的结构，接着绘制出立柱与基，宗祠门楼结构的画法与牌楼的绘制方法大致相同。

2 绘制门楼两侧结构

先勾勒出门楼楼顶两侧的结构，接着绘制出旁侧的立柱和基座，要对称着画，注意结构的透视变化。

3 添绘顶部结构和大门

继续用同样的方法添绘出门楼最后组顶部的结构。接着绘制出大门及两侧的装饰物。

绘制两侧房屋轮廓

勾线笔勾勒出两侧房屋的轮廓，注意两侧建筑是对称的。

绘制窗户

刻出两侧房屋上面的窗户，并仔细刻画出窗户上的纹路。

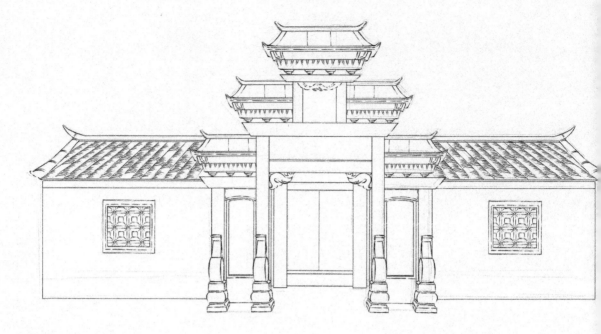

6 绘制两侧的屋顶

在两侧的屋顶上添加纹路，表现出瓦片的质感。

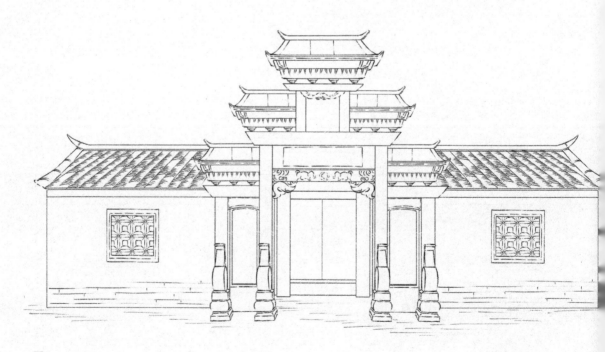

7 刻画细节

在门楼的横梁上面添绘出花纹图案，接着勾勒出墙体砖块的纹路，顺势绘制出地面的质感。最后擦掉铅笔稿，完成绘制。

古塔

塔作为中国古代杰出的高层建筑，
载了千年的历史文化。在佛教中，
塔常被用以安置和供养佛陀的舍
，以此来表达人们对高僧大德的
重。

稿分析 ✏️➡️

 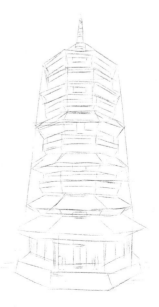

制草图

铅笔先简单地勾勒出古塔的外形轮
，接着细化出古塔的具体轮廓。
意塔有五层，最底层的结构较为复
，可分为两部分。

步骤详解 ▶

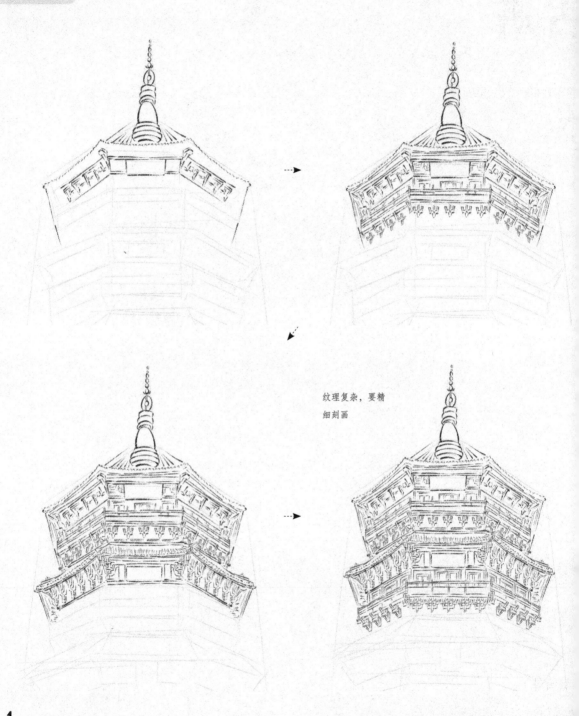

纹理复杂，要精
细刻画

1 绘制塔顶

用勾线笔勾勒出塔尖的结构，接着绘制出塔顶的结构。由于塔顶上的花纹图案比较繁复，刻画时要仔细。注意古塔的每一层有一块匾额。

绘制上半部分塔身

续勾画塔身，每一层的绘制方法都是相同的。绘制到整个古塔最中间一层的时候，绘制出主要的匾额，这枚牌匾为纵向悬的。

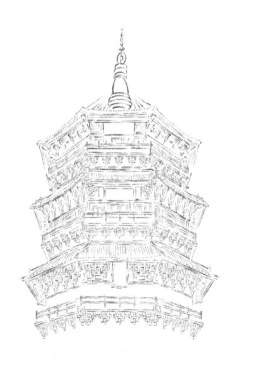
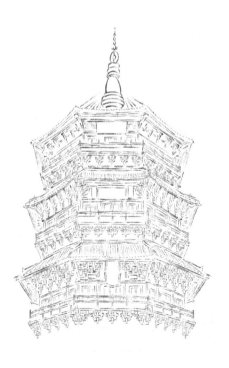

3 添绘下半部分塔身

用同样的绘制方法，添画出下半部分塔身的结构。

古塔的每一层结构都由塔檐、匾额、栏杆
组成，一层一层地绘制会容易一些。

4 绘制最底层结构的上半部

用勾线笔勾勒出古塔最底层结构的上
部分，注意最底层的结构比较复杂
与上面四层略有不同。注意这一层结
要绘制得大一些。

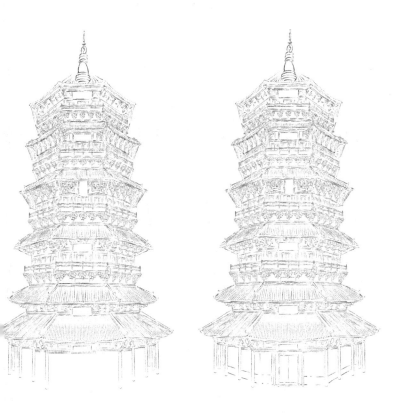

5 绘制最底层结构的下半部分

用勾线笔继续绘制最底层的结构，并添画出门、窗等结构。

> 古塔整体分为四部分：地宫、塔基、塔身、塔尖。但我们所能看到的只有后三部分。

6 绘制塔基及细节

勾勒出古塔的基座，再描绘出地面上的纹理，表现出路面的质感。最后擦掉铅笔稿就完成绘制了。

烽火台

烽火台是古时用于侦察，也是用来传递信息的高台，通常与长城并存。如果有外敌入侵，白天燃烟，夜间则放火，台台相传以提醒人们做好防御措施。

草稿分析

1 绘制草图

用铅笔简单地勾勒出烽火台及台阶的外形轮廓。

2 细化草图

接着细化草图，绘制出具体的纹路。

骤详解 ▶

绘制轮廓

勾线笔描绘出蜿蜒曲折的长城城墙，接着勾勒出画面中间与长城城墙连接的烽火台，注意烽火台的结构及透视关系。

2 绘制纹路和台阶

绘制出烽火台门洞上的纹路和部分台阶。

3 绘制烽火台的纹路

接着勾勒出烽火台墙体上的纹路，表现出砖块的质感，注用线可随意一些。

4 绘制城墙纹路

用勾线笔绘制出城墙上的纹路，表出砖块的质感，注意近大远小的透关系。

5 继续添画城墙纹路

继续勾画出左边城墙上的纹路，表现
出砖块的质感。

6 绘制植物与后侧烽火台

简单地勾勒出城墙外侧的植物，接着
绘制出后面的城墙和烽火台。

7 完善台阶

继续添画台阶，台阶要随着城墙的
向画，注意透视关系的变化。

8 添绘后侧植物

根据画面需要，添绘出后侧的植物
最后擦掉铅笔稿就完成绘制了。

风雨桥

幅画面描绘的是风雨桥，风雨桥又称"花桥"，以其能避风雨而得名，是一种集桥、廊、亭三者为一体的桥梁建筑，颇具趣。

稿分析 ▶

制草图

铅笔先简单地勾勒出建筑的大致轮
接着初步细化建筑的具体轮廓。

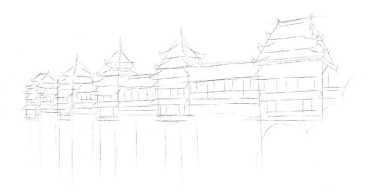

步骤详解 ➤

1 绘制桥面廊亭

用勾线笔勾勒出最右侧的亭子，要一层一层地绘制，越往下结构越大。接着简单地勾勒出与亭子相连的长廊和更远处亭子。

2 细化围栏

接着画出长廊和亭子的围栏，注意其长短、高低的差异。

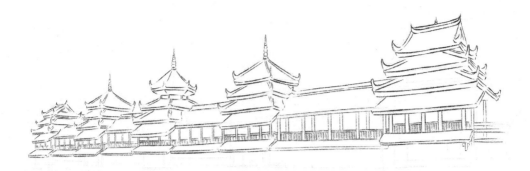

6 **绘制远处廊亭**

画面远处的两个廊亭的轮廓补充完整，绘制时注意近大远小的透视关系。

绘制桥墩

制出廊桥下方的桥墩，由于廊桥的结构略复杂，所以勾勒出桥墩部分的轮廓即可，分清画面中的主次关系。

绘制树木

制出风雨桥一侧的树木，注意其细节不需要刻画得十分完整。

6 绘制廊亭顶部

将所有廊亭顶部的瓦片结构补充完整。

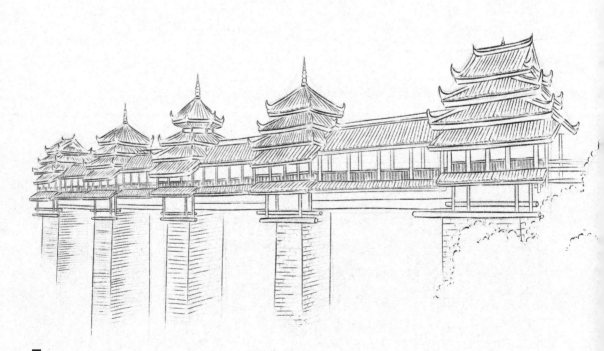

7 为桥墩添加纹理

为风雨桥的桥墩添加纹理，表现出石头的肌理，注意用小短线绘制可以使石头的质感表现得更好。

第4章

白描古风山水楼阁小景

古风山水楼阁小景是在古风建筑的基础上添加了一些自然景物，如山石、花卉、流水等元素，这样画面更加真实、生动，更有情趣。

园林小景

这幅画面中的古风亭子坐落在山水间，近处的池塘里长满了荷花，整幅画面充满了闲情雅致。

草稿分析 ✏️

绘制草图

用铅笔先简单地勾勒出园林小景的大
致布局，接着细化草稿，绘制出具体
形态。

绘制亭子轮廓

勾线笔先勾勒出亭子的顶部，注意有两层顶部。接着勾勒出
柱，注意下半部分的结构要绘制得大一些。

绘制亭顶材质的纹理

绘制出底层亭顶材质的纹理，底层亭顶整体呈半圆形，不要忘记绘制亭檐部分圆柱形切面上的纹理。接着勾勒出上层亭顶材
质的纹理，绘制时要注意透视变化。

3 绘制帘子与栏杆

用流畅的线条绘制出亭子里面的垂帘，注意用线放松、流畅。接着画出亭顶的细节和亭子外围的围栏。

4 绘制围墙

用简单的线条勾勒出亭子后面的墙，与亭子拉开层次感。

5 绘制植物

在画面的左下方绘制出池塘里的荷花与荷叶。绘制的植物要形态各异，每一朵花和每一片叶子的动态都要有所变化。

6 添画细节

继续勾勒植物的细节，注意画面的整体构图。

7 绘制大山

在亭子的后面勾勒出大山的结构，山要绘制出连绵起伏的感觉。接着绘制出缥缈的云雾，让画面看起来更有意境。

完善细节

后勾勒出池塘中的水波纹，擦掉铅笔稿，完成绘制。

小桥流水人家

这幅画面描绘了江南小镇的情景，画面中有错落的房屋，其间用一座石拱桥相连接，桥下便是潺潺的流水。整幅作品体现江南水乡惬意的风情。

草稿分析 ✏️➡️

制草图

铅笔先简单地勾勒出画面的结构,
着细化出其具体结构。

骤详解 ◢◤▶

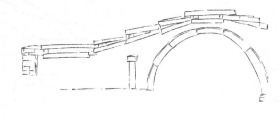

> 将大小不同的长方体错落有致地排列
> 开,表现出古朴的石拱桥的感觉。

1 绘制石桥和围栏

用勾线笔勾勒出石桥的结构,接着绘
制出左侧的石台和围栏。注意要绘制
出石砖质朴、古老的感觉。

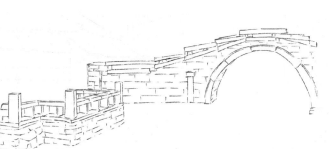

2 绘制右侧矮房

在石桥的右侧绘制出矮房,在其上绘
制出窗户和屋顶上的瓦片,不要忘了
房子下面的青砖台阶哦。

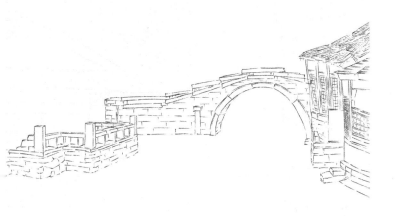

3 添绘右侧房屋

在绘制好的矮房的后面勾勒出一栋
对较高的房屋。这栋房屋的结构比
复杂，注意分清建筑的前后关系。

4 添绘左侧矮房

接着绘制出左侧的矮房，把握好透视关系，再用短线条添画出房屋上的细节。

绘制左侧高层建筑

着在左侧矮房的后面绘制出高层的建筑，按照从上至下的顺序绘制出房屋的两□结构。

这幅画面中的建筑比较多，应注意房屋之间的差异，从形态、高矮、角度上进行区分。

添绘左侧房屋

画面左侧房屋的远处再添绘出一组小楼，简单勾勒出轮廓和门窗即可，要注意画面的近实远虚。

7 绘制大树

用勾线笔在画面远处勾勒出一棵大树，简单地勾勒出树干和树叶就可以。这样简单绘制出来的大树与前面密集的房屋形成了对比，使画面更有空间感和层次感。

绘制水流

后绘制出河中的水波纹，擦掉铅笔稿就完成绘制了。

千年古刹

这幅画面描绘的是鳞次栉比的寺庙，站在高处透过层层树木远眺，古老悠久的寺庙建筑尽收眼底。

草稿分析

绘制草图

用铅笔先简单地勾勒出古刹的轮廓，接着初步细化建筑的具体轮廓。

绘制高塔与植物

勾线笔勾勒出画面最左侧的高塔，要逐层绘制，高塔的结构由下至上依次变小。接着简单地勾勒出画面前面草木的轮廓。

细化高塔

继续绘制高塔的结构和其表面的纹理。

3 绘制矮层建筑

勾勒出高塔前面的矮层建筑，注意建筑、树木之间的遮挡关系。

4 绘制不同角度的建筑

在矮层建筑的后方绘制出另一栋朝向不同的建筑。

添画建筑轮廓

勾线笔添画出其他建筑的轮廓。

绘制建筑顶部材质的纹理

绘出画面中部分建筑顶部材质的细节，表现出屋顶的纹理。

7 添画其他建筑顶部材质的纹理

添画出其他建筑的结构细节和顶部材质的纹理，注意用于绘制屋顶纹理的线条和用于绘制窗户的线条是不同的。

8 添画画面细节

最后调整画面的细节，擦掉铅笔稿，完成绘制。

飞檐流阁

幅画面描绘的是一栋中式的楼阁，独特的房檐和精巧的建筑结构给人以壮观、精致的视觉效果。

草稿分析

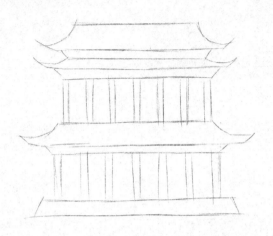 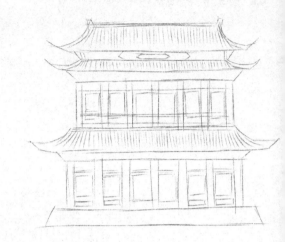

1 绘制草图
用铅笔先简单地勾勒出楼阁的外形轮廓。

2 细化草图
初步细化草稿，绘制出楼阁的内部结构。

步骤详解

 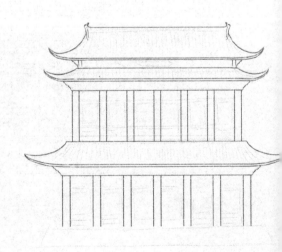

1 绘制轮廓
用勾线笔绘制出楼阁的外形轮廓，从顶部开始绘起，注意下层楼顶的结构要比上层楼顶的大。

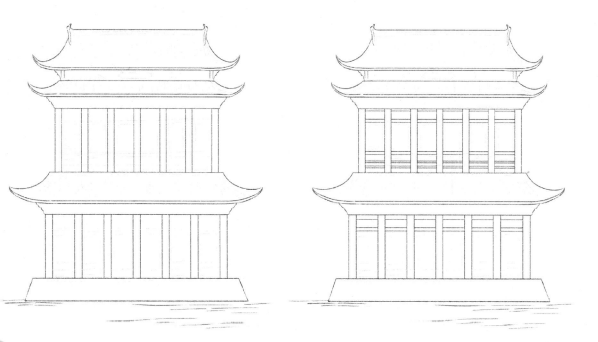

绘制门窗

勒出楼阁的基座和地面上的纹理，再绘制出楼阁的门窗，注意门窗要排列整齐。

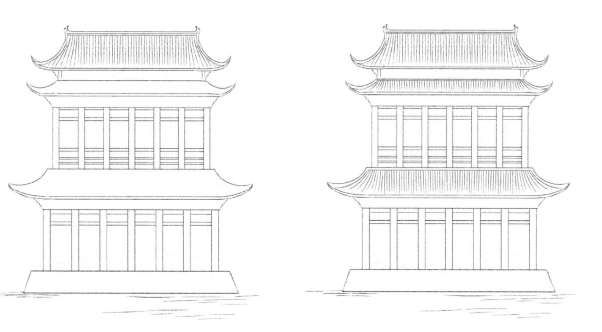

绘制楼顶细节

勺线笔勾勒出楼阁楼顶上的纹路，注意要绘制整齐。

4 绘制门窗和部分横梁上的纹样

绘制出门窗上的镂空装饰。由于装饰图案比较复杂，绘制时应认真、细致。接着绘制出下层横梁上的纹样。

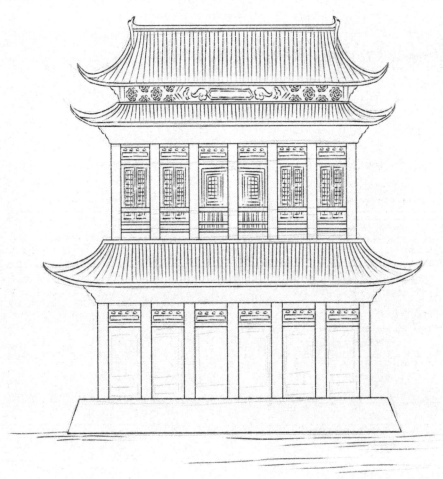

5 添画横梁上的纹样

绘制出上层横梁边缘上的花纹，注意花纹要对称。

添绘其他门窗上的纹样

绘下层门窗上的纹样，最后擦掉铅笔稿，完成绘制。

宫墙一角

这幅画面描绘的是宫墙一角的景色，墙壁高低错落，映衬着盛开的花朵。这种构图形式是一种独特的视角，绘制时要把握花枝和房屋的比例关系。

草稿分析 ✏️▷

制草图

铅笔先简单地勾勒出画面的构图,接着描绘出具体的结构。

步骤详解 ▶

绘制花朵

勾线笔先勾勒出花朵和叶子的结构,花朵的形态要绘制得
变化。

2 绘制花枝

接着绘制出花枝的结构,花枝要有粗细变化,可以用短线来
表现出花枝的质感。

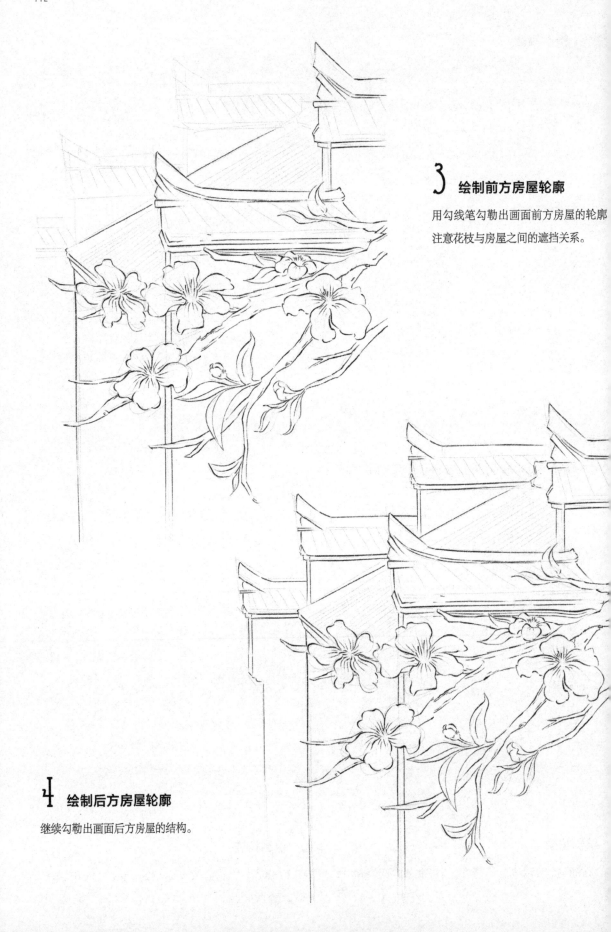

3 绘制前方房屋轮廓

用勾线笔勾勒出画面前方房屋的轮廓
注意花枝与房屋之间的遮挡关系。

4 绘制后方房屋轮廓

继续勾勒出画面后方房屋的结构。

绘制前方屋顶上的瓦片

夹勾勒出画面前方房屋屋顶上的瓦片，注意瓦片排列得比较密集。

6 绘制后方屋顶上的瓦片

接着勾勒出画面后方房屋屋顶上的瓦片。注意房屋的角度不同，瓦片的排列方向也不一样。

添绘瓦片及细节

卖勾勒其他屋顶上的瓦片，最后擦掉铅笔稿，完成绘制。

第5章

白描古风浪漫场景

古风浪漫场景是将浪漫的古风元素与建筑结合起来，形成一个完整的场景。

宅院街口

面中有错落有致的房屋瓦舍，街口绿树成荫，用石板铺成的小路曲径通幽，表现出宅院街口安逸、静谧的独特景色。

草稿分析 ✏️➤

绘制草图

用铅笔绘制出宅院街口的大致轮廓，接着细化草稿，绘制出房屋、树木的形态。

步骤详解 ▶

1 绘制植物、右侧房屋的轮廓

用勾线笔绘制出画面左侧的大树和草丛，可以用短线来表现大树树干粗糙的质感。接着绘制出画面右侧房屋的外形轮廓。

2 绘制右侧房屋材质的纹理

接着勾勒出右侧房屋的窗户和其他的细节，注意添画的线条
比较多，要排列整齐。

3 绘制二层小楼的轮廓

勾勒出二层小楼的外形轮廓，注意这栋房屋的建筑结构，二
楼的护栏要绘制整齐。

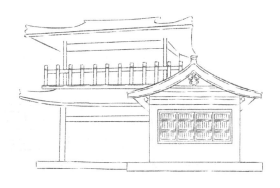

4 绘制二层小楼材质的纹理

用短线条细致地勾勒出二层小楼屋顶的纹理和窗户的纹理

5 绘制左侧房屋的轮廓

勾勒出左侧房屋的结构。由于这栋房屋的结构相对复杂，且被大树遮挡住一部分，因此绘制时注意透视关系。

6 绘制左侧房屋材质的纹理

用整齐、细腻的线条绘制出左侧房屋的窗户及其细节。

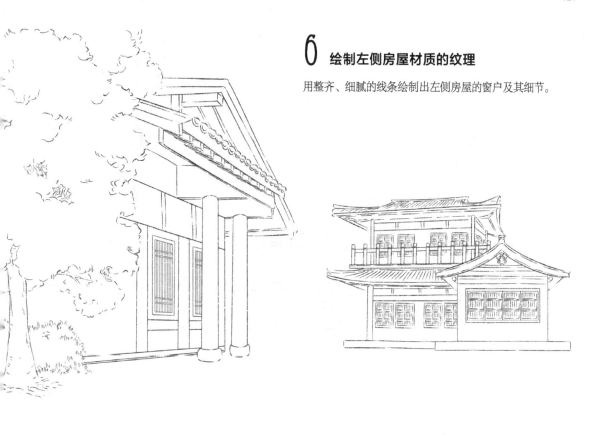

7 添绘房屋

用勾线笔勾勒出后面的房屋，绘制墙头瓦片上的纹理。

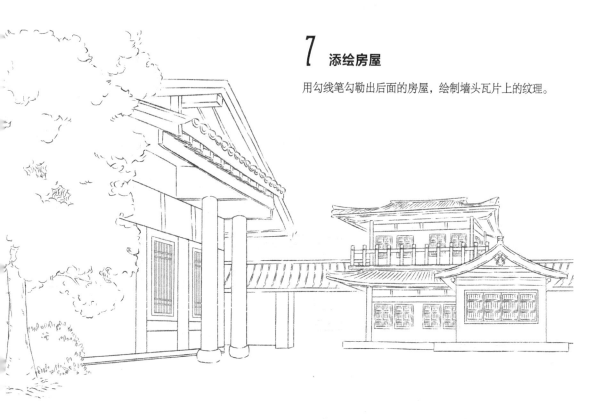

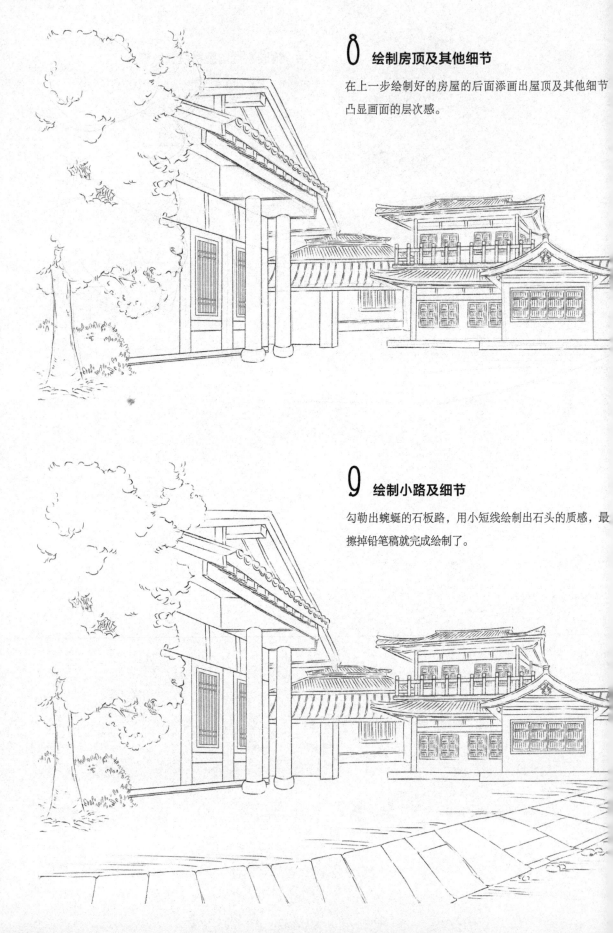

8 绘制房顶及其他细节

在上一步绘制好的房屋的后面添画出屋顶及其他细节凸显画面的层次感。

9 绘制小路及细节

勾勒出蜿蜒的石板路，用小短线绘制出石头的质感，最擦掉铅笔稿就完成绘制了。

临泉有亭，风语花香

幅画面描绘的是奇山遮天、清流潺潺的世外桃源。景中亭子坐落在山脚下，旁边泉水叮咚，清风送花香，真是临泉有亭、语花香的绝佳美景。

草稿分析 ✎ ▷

绘制草图

先勾勒出画面中场景的大体轮廓，接着细化出场景的具体形态。

步骤详解 ▶

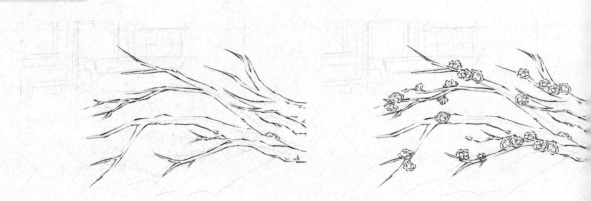

1 绘制梅花

用勾线笔勾勒出梅花的树枝。绘制时可以稍微停顿笔锋，绘制出枝杈交错的感觉。接着在树枝上绘制出梅花，注意花朵应分得错落有致。

绘制亭子轮廓

制出亭子的轮廓，注意亭子顶部的
角是翘起来的。

绘制围栏和石凳

勒出亭子四周的围栏和石凳，注意
结构是有厚度的，线条不要画乱了。

绘制亭顶

勾线笔勾勒出亭子顶部的纹理，注
要随着顶部的结构绘制纹理。

5 绘制矮房

勾勒出亭子旁边的矮房，画法与前文中讲过的房屋的绘制方法是相同的。

6 添画建筑

接着绘制出画面后方较高的建筑，仔细刻画其内部的结构。

绘制岩石

画面的右下方绘制出岩石，对岩石
侧面进行刻画，绘制出岩石表面的
理，表现出石头粗糙的质感。

添画岩石、树木与山川

亭子的下面添绘出岩石的结构，接
在亭子的后面绘制出树木和高山，
现出树木郁郁葱葱、山峰棱角坚硬的
兑。

9 绘制小溪

绘制小溪时，要注意线条的运用。用流畅的线条画出溪水湍
急而来的感觉，之后水势渐缓时则用弯曲的短线条，绘制出
平缓的感觉。最后擦掉铅笔稿，完成绘制。

古风仙侠，对饮花下

幅画面描绘的是岸边的美景，美食配美酒，再加上悠扬的琴声，一阵微风拂过，树枝上的花瓣零落在空中，真是古风仙、对饮花下的绝好美景。

草稿分析 ✏️▶

1 绘制草图

先勾勒出场景的大体轮廓，接着细化出树枝上的花瓣，并添加飘落的花瓣和水面上的水纹。

2 细化草图

进一步细化整个画面，勾勒出桌子上的美食、酒具与古琴。

3 完善画面

绘制出地板的结构，使整个画面更加完整。

注意地板的走向和整体的透视关系。

步骤详解 ➤

1 绘制酒壶

根据线稿勾勒出酒壶的外形，并顺势画出壶嘴和壶把上的花纹，注意立体感的表现。最后在壶身上细致地勾勒出花纹。

2 绘制酒杯和盘子

先绘制出三个酒杯，画出其上的
路。接着画出盛放酒壶的盘子，盘
的形状像莲花的花瓣。

绘制古琴

勒出古琴的结构，注意表现出古琴的立体感。

4 绘制食物

勾勒出另一个盘子的形状，在盘子中绘制出茶点，注意茶点之间的遮挡关系。

绘制桌布

布是铺在桌子上的，要顺着桌子的转折处垂下来，勾勒褶时候用线要流畅，勾勒几条主要的线条就可以了。

6 绘制古琴配饰

古琴配饰的画法和毛发的画法是一样的，分组进行绘画，线条要柔顺。

7 添加桌布上的花纹

在桌布上面添加一些花纹，花纹应根据布的走向发生变化。

8 绘制花卉

在画面的右上角绘制花枝，先画出花枝的走向，接着添加花朵和叶子。注意花朵的大小和遮挡关系，枝头的花和叶子较小。

添加花瓣

绘制好的花枝下面，画出几瓣飘落
花瓣，营造画面的气氛。

10 画出桌子

画出摆放物品的桌子，桌子为木质的，
线条平直。绘制时注意透视关系的变
化，以及与桌面上物品的遮挡关系。

11 细化地板

添加地板的细节，注意线条全部平行分布，并表现出地板的厚度。

12 完善细节

画出柱子及飘落在水中的花瓣周围的水纹，完成作品的绘制。

江船火独明

幅画面绘制的是一艘华丽的船在山间河流中行进的场景，加以玉兰花点缀，更显风雅。这幅画面中元素丰富，可以为今后绘画提供参考。

稿分析 ✏️

1 绘制草图

用铅笔简单地勾勒出船身、玉兰花、岩石和后面山脉的大致轮廓。

2 细化草图

对船、花枝、石头和山脉的轮廓进
行细化，注意各元素之间的排列。

步骤详解

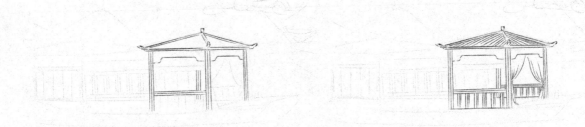

1 绘制船身

先绘制出船头观景亭的外形轮廓，然后添加亭子顶部的纹理、内部的帘子和亭子两侧的护栏。

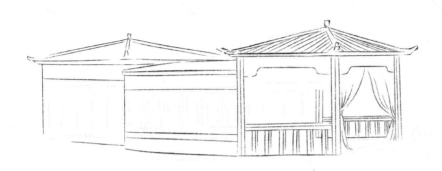

绘制船舱

勾出观景亭后方相邻的两个船舱的外形轮廓，注意用线应流畅。

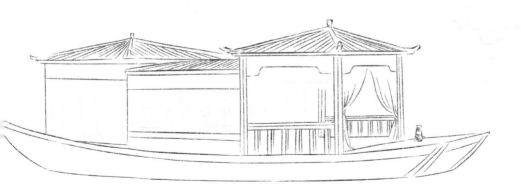

绘制船体

刬出两个相邻船舱的顶部，然后绘制出整艘船的船体部分。

4 绘制船舱细节

将观景台、船舱的门窗依次勾勒出来,再绘制出其上的雕花,注意细节点到为止即可,不做过多刻画。

绘制花枝

勾出玉兰花的花枝，在花枝上添画几朵玉兰花和花苞。

6 绘制山水

将船身后面连绵的山脉勾勒出来，再绘制出水波纹。注意用笔放松，线条流畅。

7 绘制石头及细节

用铅笔简单地勾勒出画面前方的石头，注意用短线勾画石头的侧面，表现出石头的厚度。调整画面的细节，完成绘制。